走进奇妙的几何世界

唱歌的线

[英] 格里·贝利 [英] 费利西娅·劳 著

[英] 迈克·菲利普斯 绘 李耘 译

北京联合出版公司
Beijing United Publishing Co.,Ltd.

跟着雷奥学几何

雷奥生活在距今 30000 年前的旧石器时代，是当时最聪明的孩子。

高智商，创造力堪比达·芬奇，还远远、远远走在时代前沿……

这就是雷奥！

这是兔狲帕拉斯——雷奥的宠物。

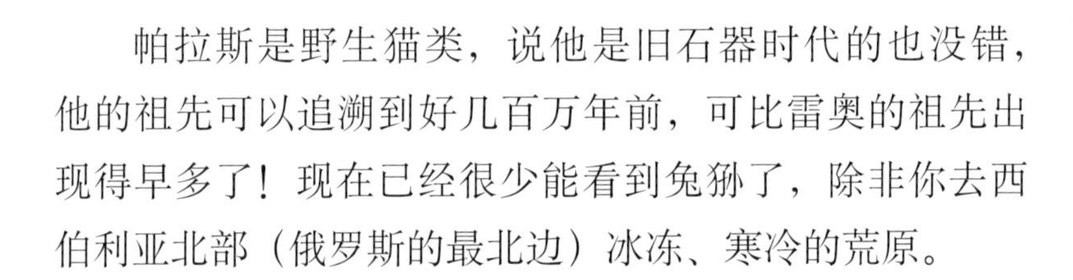

帕拉斯是野生猫类，说他是旧石器时代的也没错，他的祖先可以追溯到好几百万年前，可比雷奥的祖先出现得早多了！现在已经很少能看到兔狲了，除非你去西伯利亚北部（俄罗斯的最北边）冰冻、寒冷的荒原。

在俄罗斯北部偏僻的高原地带仍然可以看到兔狲。

目录

照片引用：

封面 siwasasil

扉页 siwasasil

P. 2 Gerard Lacz / age fotostock / Superstock

P. 3 David M. Schrader

P. 5（上）Perry Correll / Shutterstock.com（下）Tom Fakle

P. 7 simonalvinge

P. 9（上）Kurt and Rosalia Scholz / Superstock（中）Robnroll（下）photolinc

P. 11（上）Patrick Wang（左下）southmind（右下）Calvin Chan / Shutterstock.com

P. 12 Protasov A&N

P. 13（上）NASA（下）MarcelClemens

P. 15（上）MarcelClemens（中）auremar（下）Fpoint

P. 17（左上）Fpoint（右上）Yuriy Kulyk（左下）5ciska76（右下）JNT Visual

P. 19（左）William Allum（右）Ana Gram

P. 21（左上）Leo Blanchette（右上）Anton Kozlovsky（左中）Jenny Leonard（右中）Photosani（右下）alexxl

P. 23（上）Nicholas Piccillo（中）siwasasil（右）viphotos

P. 25（上）David Redondo（中）auremar（下）Picsfive

P. 27 Barry Blackburn

P. 28（从左到右顺时针方向）Micha Klootwijk, Kodda, Peter Sobolev, Phillip Marais, Mark-Mirror

P. 29（从左到右顺时针方向）alexokokok, Marco Uliana, Flegere, Henk Vrieselaar, Alekcey, Le Do

P. 31（上）67075645（中）flas100 / Hellen Sergeyeva（下）Photononstop / SuperStock

除特别注明外，所有照片都来源于 Shutterstock.com

点对点

“我要走了。”雷奥说。

“去哪儿？”帕拉斯问，“我能跟着吗？”

“我得自己去。”雷奥说，“看地图！我得从 A 点——就是这儿——到达 B 点。如果成功了，我就会得到‘越野地图高手’的童子军勋章。”

“哇！”帕拉斯说，“勋章啊！”

“两点之间，直线最短。”雷奥说，“我就这么沿直线走吧。”

“我要在丛林中砍出一条路来，然后走过一片沼泽，游过一条河，渡过湍急的溪流，爬上高山，从悬崖上结绳而下……”

“就为了一枚勋章？”帕拉斯问，“是金的吗？”

“是童子军勋章，”雷奥说，“缝在衣服上可光荣了！”

“这么说不是金的，”帕拉斯叹了口气，“连银的都不是。”

尖顶到尖顶

有一种特别的赛马活动，叫作越野障碍赛马，也被称作“点对点”比赛。最早的“点对点”比赛是在两个爱尔兰村庄巴特文特和达纳雷尔之间进行的，距现在大约有两百五十年了。

布雷克先生向他的邻居奥卡拉汉先生提出挑战，要骑马从巴特文特的教堂跑到达纳雷尔的教堂，于是他们开始了这场“尖顶到尖顶”，或者叫“点对点”的比赛。他们得跑上七千米，为了让教堂的尖顶始终在视线内，他们要径直奔向终点，跃过石墙、沟渠、树篱——不管碰到什么都要跃过去！

线段

点是空间中的一个位置。

把两个点连在一起，就能得到一条线段。

测量这条线段的长度，就能知道两点之间最短的距离。

现代的“点对点”比赛是在赛场上进行的，并不是真正的越野比赛。

两千年前，罗马人就以热衷于修路闻名。他们修的路遍及欧洲，纵横交错，有些路至今还在使用。

永远

雷奥在打球。

他抡起球拍，使劲儿击球，球飞过帕拉斯的头顶，消失在远方。

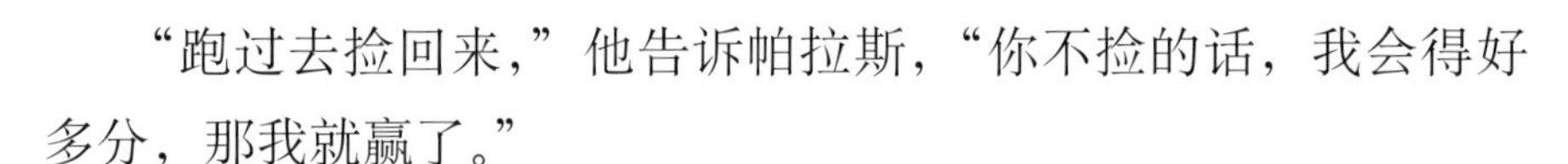

“跑过去捡回来，”他告诉帕拉斯，“你不捡的话，我会得好多分，那我就赢了。”

“可我都不知道球跑哪儿去了。”帕拉斯嘟囔着。

“好吧，”雷奥说，“我来帮你。不过其实我不该帮你的，咱们是对手。我把球打到那个方向去了，可能掉进了树丛里，也可能飞到了更远的地方。”

“多远？”帕拉斯问。

“很远。”雷奥说。

“比远更远？”帕拉斯问。

“可能比远更远。”雷奥同意。

“如果比那个还要远怎么办？”帕拉斯说，“我的意思是，也许那只球会永远永远飞下去，我找也没有用……”

数学上的线

在数学中，线没有起点，也没有终点。你得想象一条线会从两端无限延续下去。我们可以在线的两端加上箭头，表示两端无限延长。

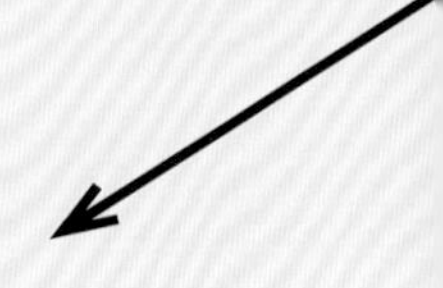

太阳光线

太阳射出的光线，看起来就像是从太阳中心向外延伸到太空中似的。这是真正的射线，有起点，却没有终点。

射线

射线是一条有起点没有终点的直线。我们知道射线从哪里开始，但不知道它在哪里结束。太阳光线就是这样，在宇宙中无限延伸。

有终点的线

“抓住绳子那头，”雷奥说，“开始拔河！”

“什么？”帕拉斯问，“你要我拔河？”

“对，拔河！”雷奥说，“我要看看你是不是比我壮。我拉这头，你拉那头。如果中间打的结往我这边挪动一米，我就赢了。”

“如果挪到我这边，我就赢了。”帕拉斯说。

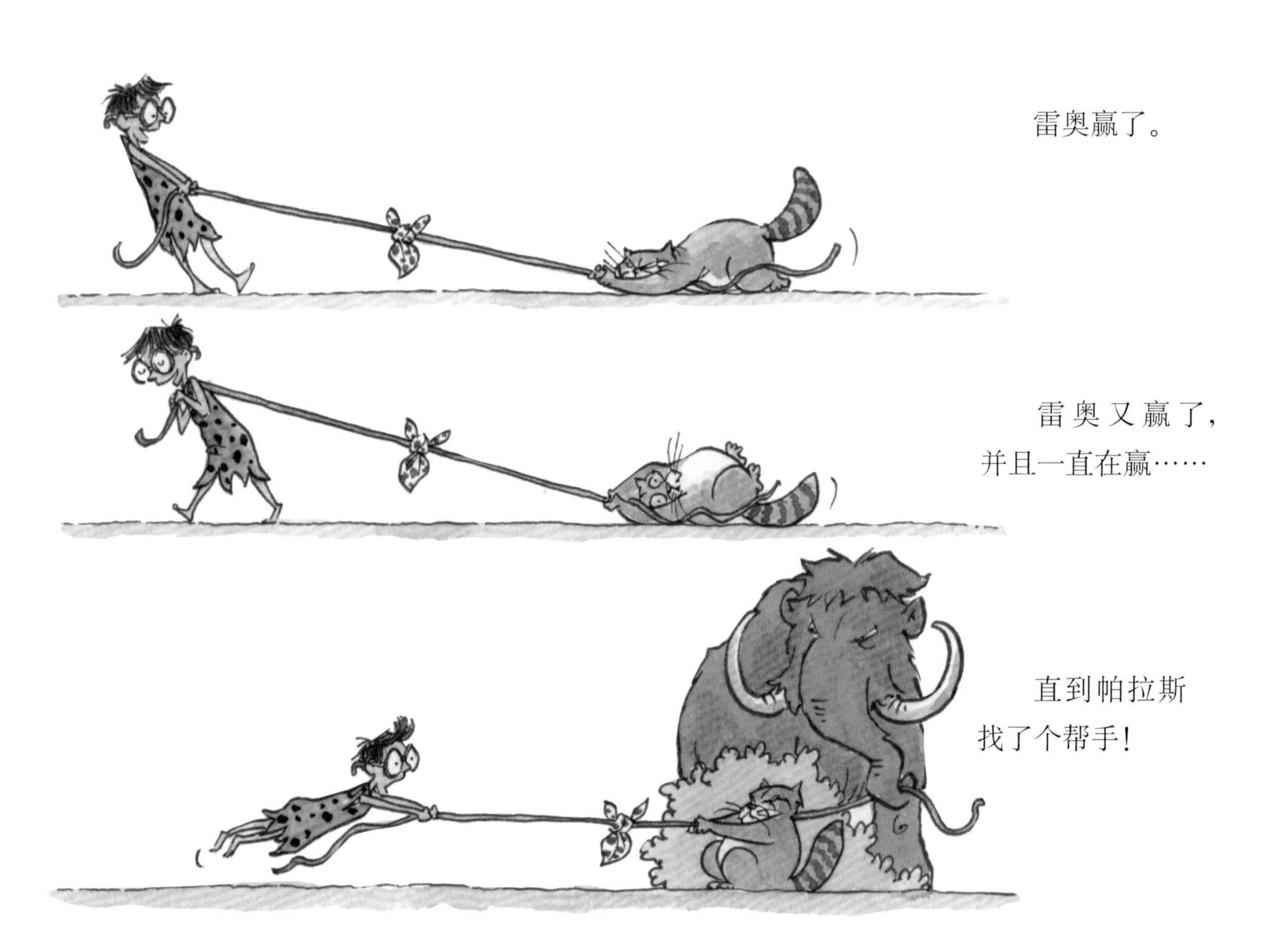

线段

线段有起点也有终点。

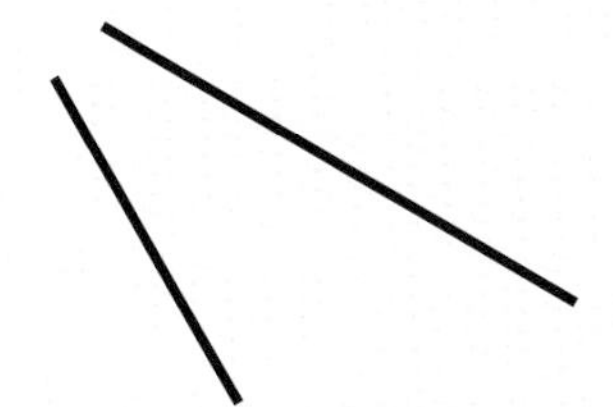

线段可以组成图案，三角形的三条边都是线段。

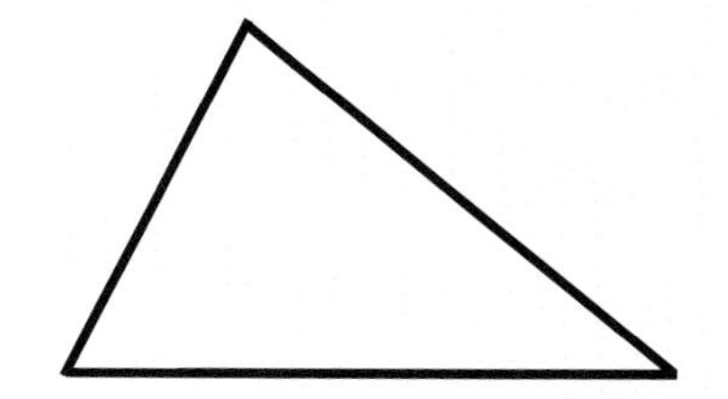

林波舞[①]舞者必须从横置的棍子下面钻过去，而且不能碰到棍子。这样的棍子也是一条线段。

蠕虫的身体由许多体节组成，看起来就像一条条小线段，也像很多个圆环套在了一起。

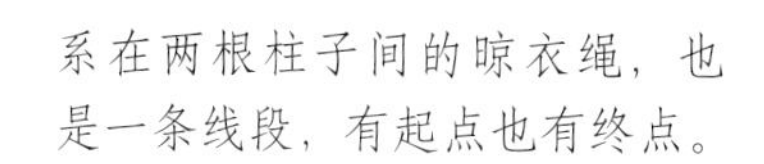

系在两根柱子间的晾衣绳，也是一条线段，有起点也有终点。

①一种杂技类舞蹈，舞者需要向后弯腰从离地面很低的横置的棍子下钻过去。

排队

雷奥让帕拉斯排队。

“站哪儿？”帕拉斯问，“是这个大个子旁边，还是那个长大牙的旁边？”

“哪儿都行，”雷奥说，“这是一个队列。有人偷了我的香肠，我看到他偷偷溜走了，现在我要把小偷从队伍中抓出来。”

“不是我！”帕拉斯说。

“也不是我！”猛犸象说。

“我是无辜的！”穴狮也说。

“我跟我妈在一起。”巨河狸说。

“我跟他在一起。”野牛说。

雷奥沿着队伍走来走去。

所有的动物都想显得无辜一点儿。

特别是那个小偷！

水平线

水平线是从一边延伸到另一边的线。

它是由一个个点并列连在一起形成的。

• • • •

也是我们一个挨一个排队时形成的线。

英国伦敦白金汉宫外的一列卫兵

小鸭子本能地跟在妈妈身后，形成了一条直线。

孩子们列队做运动。

地平线

“那就叫作地平线吧？” 帕拉斯问，“我们能去看看吗？”

“地平线在我们能看到的最远的地方，无论如何，我们都到不了。” 雷奥说。

“为什么？” 帕拉斯说，“至少我们可以走到那棵树那儿，在那儿我们可以看得更清楚。”

“帕拉斯，”雷奥说，“听好了。地平线永远在我们能看到的最远的地方，不管你站在哪里，你都到不了。”

月球地平线

1969年7月21日，美国宇航员阿姆斯特朗登上了月球，在那里看着地球从月球地平线上缓缓升起。他回忆当时的景象时说：

“在太阳光的照耀下，月球表面非常壮丽，地平线好像离你很近，因为月球的地面弧度比我们地球大得多……”

从“阿波罗11号”宇宙飞船的指令服务舱“哥伦比亚”上看到的风景。

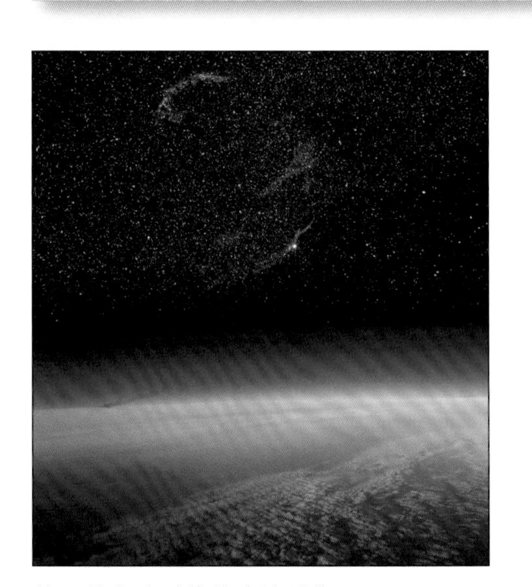

从卫星上看到的地球地平线

地平线

有一些线看起来一直在移动，地平线就是这样。地平线是你所能看到的地球的最远处。

当然，如果你向前走，地平线就会向后退，它永远是你所能看到的地球的最远处。

从飞机上看，地平线大约在400千米以外。

从离地面2米高的地方看，地平线大约在5千米以外。

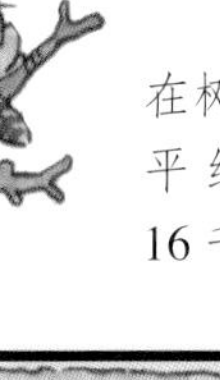

在树顶看，地平线大约在16千米以外。

垂直的线

“你在那儿做什么呢？”帕拉斯问。

“这是五朔节[1]花柱，”雷奥说，“我总是弄不直。”

“好高啊。”帕拉斯说，他抬头向空中看去。

“就得这么高，”雷奥说，“我们把彩带绑在上面，然后围在下面跳舞。”

“听起来好棒！”帕拉斯说，“不过跟我们猫没有关系，毫不相干。”

“帕拉斯，”雷奥说，“要不你爬到树上去，固定住上面，我固定下面，这样花柱就会直直的了。”

“这才是猫该干的事儿呢。”帕拉斯说完就爬了上去。

①欧洲传统民间节日，用以祭祀树神、谷物神，庆祝农业收获及春天的来临。

垂直的线

垂直的线是一条上下延展的线。它是一个个点竖着摞起来得到的。

直角

当一条线垂直地立在另一条线上时，它们之间就会形成一个直角。在这两条直线间画一个小的方形来表示直角。

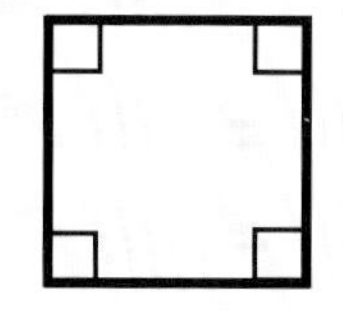

正方形的四个角都是直角。

城市中，摩天大楼拔地而起，笔直竖立着。

铅垂线

人们用铅垂线来判断物体是不是垂直的，也就是说判断物体从上到下是不是笔直的。铅垂线由一根线和系在线的一头的金属重物做成，金属重物垂吊下来，直直指向地心。

建筑工人用铅垂线来确保他们砌的墙面是竖直的。

又……

我们买的东西上印有条形码，条形码是一组由垂直的线条和数字组成的电子码。

边界线

“嗨！”雷奥说，“你想玩儿吗？”

“不就是单脚跳嘛，”帕拉斯说，“有什么好玩的？”

“我在玩‘跳房子’，”雷奥说，“我在地上画了这些格子。”

雷奥把石头扔进第一个格子里。

“现在我跳啦！”他说。

他按照数字的顺序单脚跳格子，但要躲开那个有石头的格子，而且左边的格子里只能放左脚，右边的只能放右脚。

终于跳到了最后的“安全”格子后，他又转身跳了回来。他把石头捡起来，扔到标着“2”的格子里。

然后，他开始了第二轮。

“容易！”帕拉斯也开始扔石头。

“出局！”雷奥说，“石头压线了。”

“出局！”雷奥说，“你的脚踩线了。”

“出局！”雷奥说，“你摔倒了——你把线全蹭掉了。”

做边框的线

线可以用来做边。

线可以用来把东西分成两部分。

线可以用来标示一个国家或地区的边界，比如地图上的边界线。

有时，我们用线画出物体的形状，这叫作轮廓线。

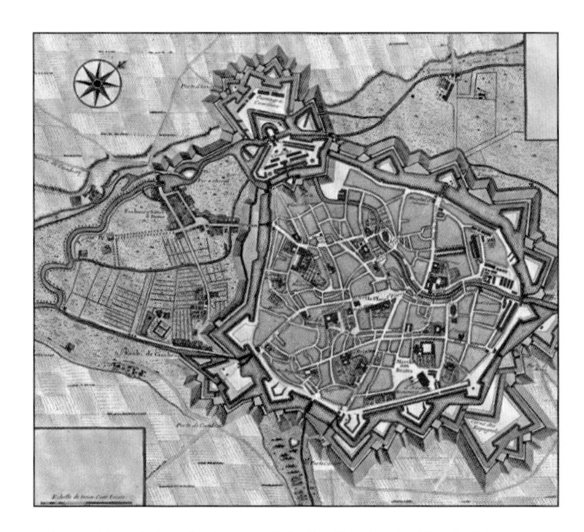
地图上用线来标示村庄或城市的边界。

线也能把一个区域分成几部分，比方说路中间的这条白线。

意大利的巨型花园迷宫

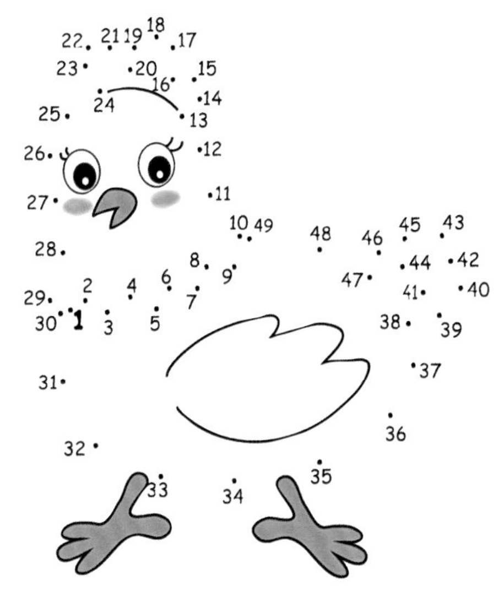

在“连线画”游戏中，如果按照正确的顺序把点连起来，就能得到动物等图形的轮廓。

迷宫

花园迷宫是用树篱做成的。人们无法越过高高的树篱看到路，因此，这样的迷宫可以考验人们的记忆力和方向感。

哪条路

“那是什么？”帕拉斯问，“那些被钉在柱子上的东西是什么啊？”

“那是路标，”雷奥说，“我弄的，可以帮你找路。”

“你还记得有一次你说忘了储藏室在哪儿了吗？”雷奥问。

“你让我去提两麻袋的东西，”帕拉斯说，“但我迷路了。”

“还有一次你说不知道采石场在哪儿。”雷奥说。

“你让我去背两块大石头，”帕拉斯说，“但我迷路了。”

“你还说过不知道冰洞在哪儿。”雷奥说。

“你让我去拿两个巧克力冰激凌。”帕拉斯说。

“啊，我突然就想起来怎么走了。”

相遇的线

有时很多线会汇聚到一点。

比如在城市中心，路就是这样汇聚的。几条路汇聚在交叉路口。在这儿，司机可以选择去往不同的方向。

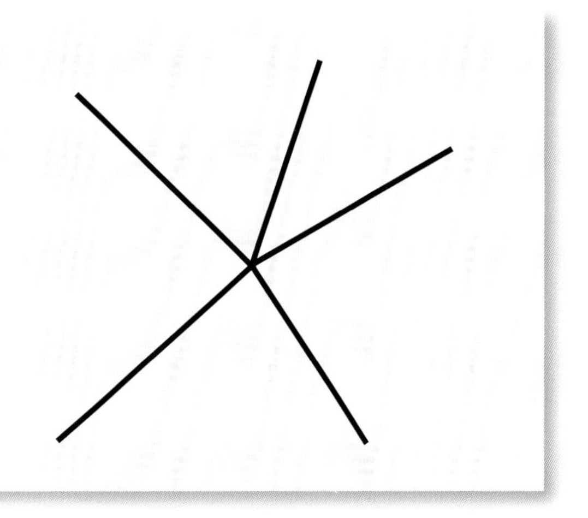

路标

路标指示了从你所在之地（A 地）到你要去的地方（B 地）的方向。

路标上还常常会标出两地之间的距离。

五条路在路标处交汇。

蜘蛛网的主线从网外各点延伸到中心。

交叉的线

有时线也会交叉，被称为相交线。

道路交叉形成十字路口。

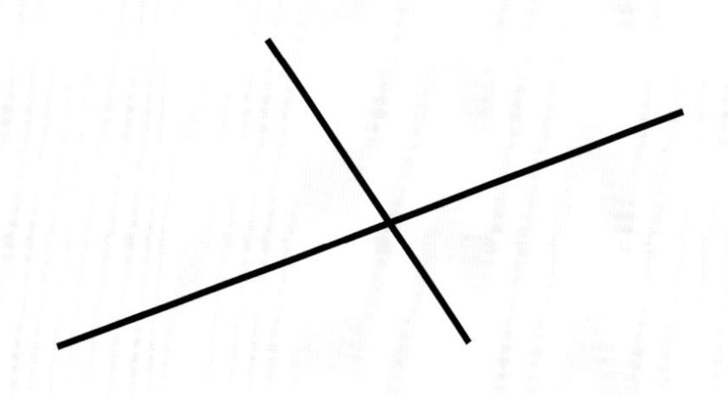

线的测量

“我长高了，”雷奥说，“很快我就能加入‘成年部落’了。”

“我也是，”帕拉斯说，“等我长高了，我也想加入。”

“恐怕不行。”雷奥说，“你没有往高了长，帕拉斯，你在往宽了长。”

的确，雷奥越长越高，帕拉斯却越长越宽。

“别担心，”雷奥安慰道，“很多动物都是往各个方向长的。”

的确，他们发现一些动物在高度和宽度上大大超过了帕拉斯！

“不过也别担心，帕拉斯，”雷奥说，“他虽比咱俩都高，但大家还是不会让他成为部落一员的。”

船舶吃水线

商用轮船的船身上都有吃水线，这些线显示了载重以后轮船吃水的深度，以确保轮船不会因超载或者吃水过深而有危险。

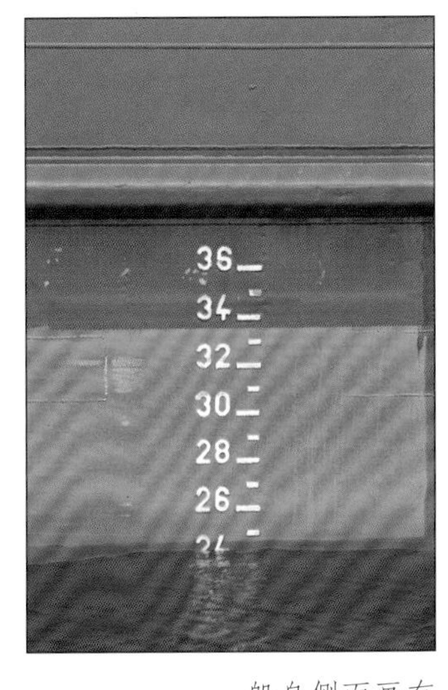

船身侧面画有吃水线。

图中地球表面上的这些线是地理学家假想的，用来确定位置和标示方位。赤道就是这样一条假想出来的线。

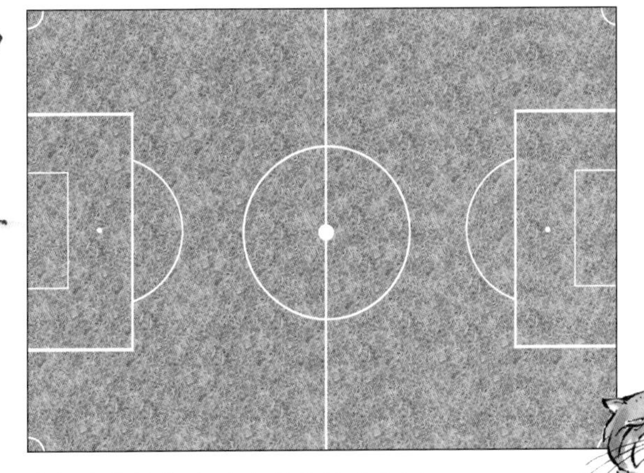

球场上的线规定了球员的活动范围。

赤道纪念碑

线的测量

线有长度，一条线段的长度是从起点到终点的距离。长度的单位有米、分米、厘米以及更小的毫米等。

垂直的线的长度叫作高度。

测量工具

刻有等距离量度的直尺或卷尺可以用来测量线的长度。

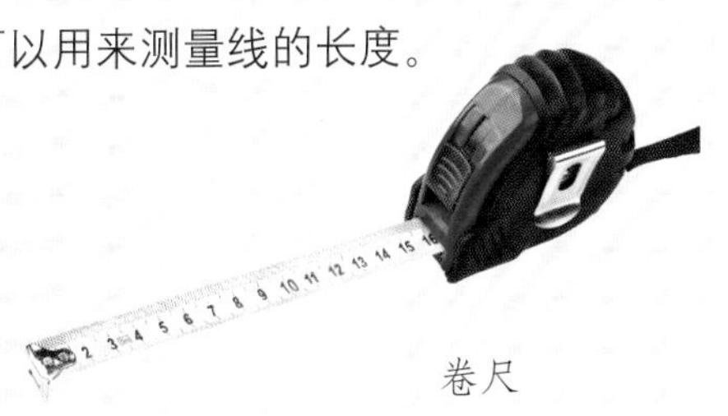

卷尺

平行线

“把脚分开！”雷奥说，“把膝盖分开！把腿也分开！”

“优秀的滑雪者会在雪上留下两条线，又直又漂亮，而且两条线之间的距离总是一样的。”

但帕拉斯滑出来的线绝对不直，两条线间的距离也是忽近忽远。

帕拉斯虽然从山顶滑到了山下，但他也不太确定滑雪适不适合猫。

喷气式飞机形成的蒸气尾迹

体育运动中的平行线

我们能在许多体育运动中见到平行线。球场上就有很多，比如篮球场上的边界线。在径赛和游泳比赛中，平行线非常重要，运动员要在平行线里完成比赛，这样的平行线叫作赛道。

有时平行线看起来像是将在远处相交，但实际上并不会这样。

梯子的两个侧边是平行线。

平行线

平行线是两条无论延伸多远，之间的距离始终保持一致的线。

平行线中的两条线总是指向相同的方向。

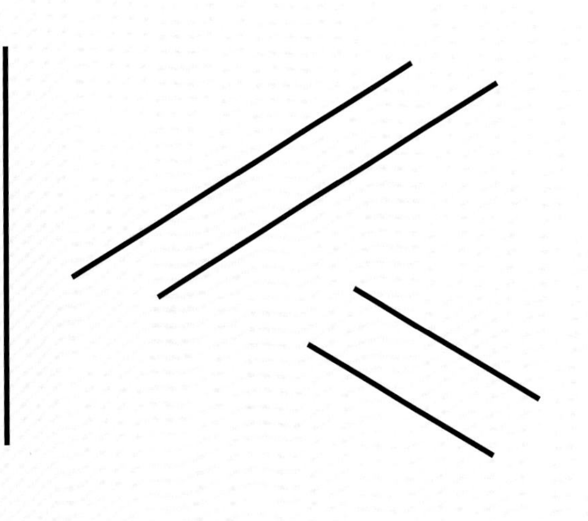

交叉

雷奥把头盔戴上，松开刹车。

“看啊！”他大叫起来，“我们出发啦！”

帕拉斯紧紧地坐在摩托车的后座上，这是一种全新的体验，他还不太有安全感。

“嗖”的一下，车发动了。他们向前冲，往后退，折回来，再交叉。

雷奥每次换方向的时候，都要“刺”地刹一下车。最后，雷奥把车停下来。

“看！”他说，“完成了！”

“完成什么了？”帕拉斯问。

“我们用很多条直线围了一个圆，一条曲线都没有用。”雷奥说。

然后他们爬到山上去看这个圆。

在铁轨的交叉处，火车可以沿着分岔的铁轨换到另一条铁轨上去。

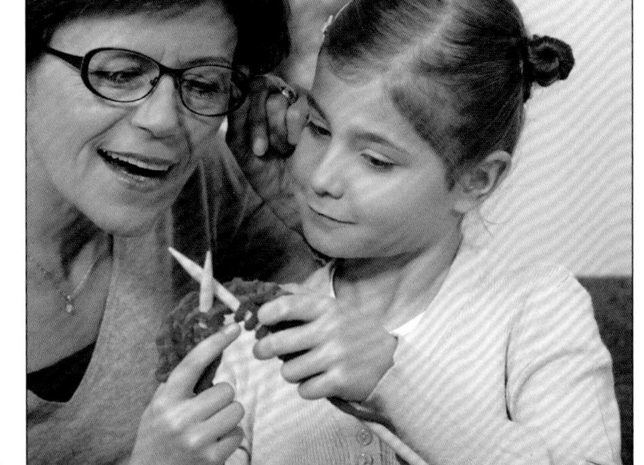

交叉着编织毛线

对角线

对角线是图形中连接一个角与其对角的线段。

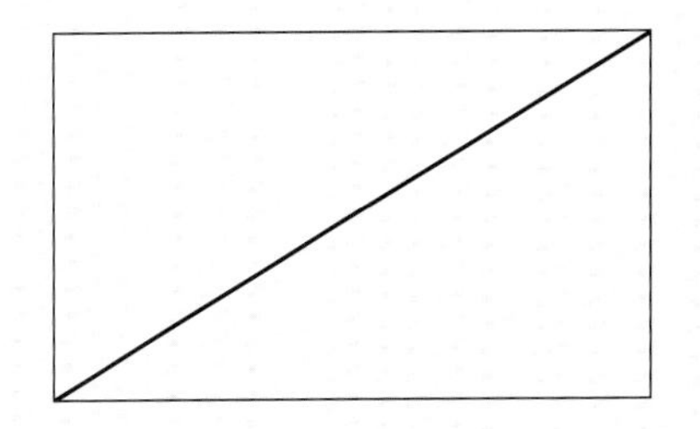

玩圈叉游戏胜出时，你就会画一条对角线。

斜线分隔符也是对角线。

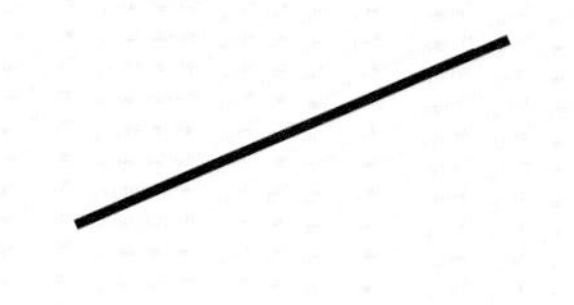

直线还是曲线？

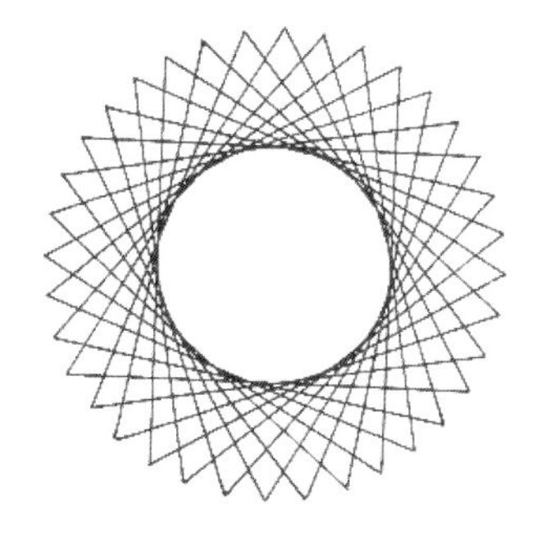

左图中这个圆看起来像是用圆规画的，但实际上是用很多条直线画出来的，一条曲线都没有。你能看出是怎么画的吗？

向下

帕拉斯有一根非常特别的骨头。他总是能弄到骨头，不过普通的骨头他就随便啃几口作罢。但是这根骨头他想好好保存，不能让任何人找到。

“再深一点儿，”他下决心，“再深一点儿，要放在安全的地方。毕竟穴居熊的爪子太大了。”

“还应该再深一点儿。”他琢磨着，“这根骨头太好了，值得我花点儿工夫藏起来。”

他继续挖啊挖，不断深入到地表之下。

最后，他终于把骨头安全地埋好了，可以休息一下了。

“嘿！帕拉斯！”雷奥喊道，“看我给你找到什么了！”

-5　-4　-3　-2　-1　0　1　2　3　4　5

负数

1 比 0 大，往上就是 2、3、4……

但数字也可以从 0 往下数，这就叫负数。负数前面有一个“－”的标志，表示小于 0 的数，写成：−1、−2、−3、−4、−5……

数轴

数轴以 0 为原点，比 0 大的数叫正数，在 0 的右边；比 0 小的叫负数，在 0 的左边。

温度计上的数字有上下两个方向，负数的温度比冰点（0°）还要低。

下图是一年十二个月里，某地温度的变化曲线。温度在 -3° 到 3°之间变化。

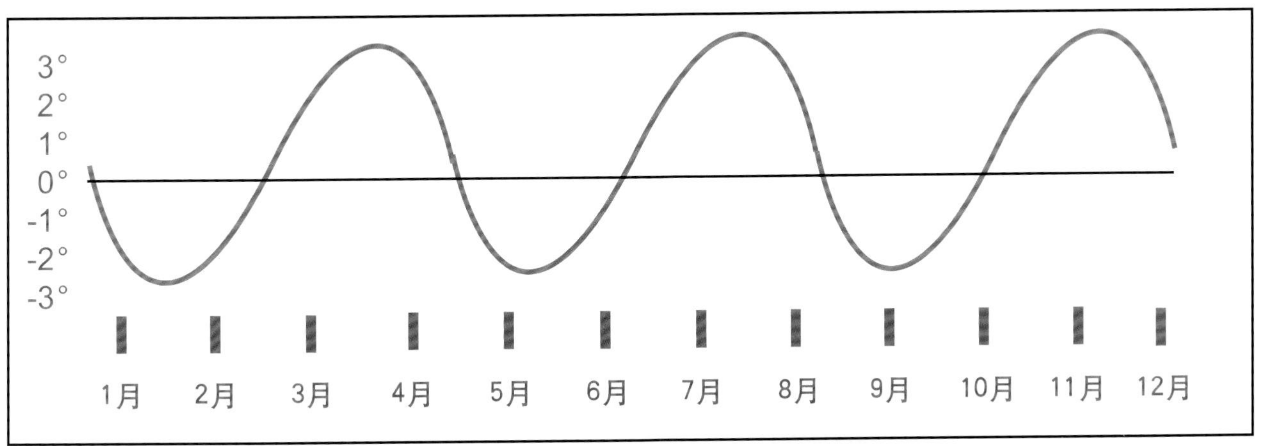

大自然中的线

大自然创造了自己的线条。风和雨在坚硬的岩石上刻出直直的裂纹和沟壑，在泥地和沙地上留下纹路。植物用长长的、直直的茎和叶脉把水分运到全身，还用带有纹路的花瓣来吸引昆虫。对于动物来说，线条也是一种引起注意的方式。有些动物身上鲜艳醒目的条纹，对捕食者有警示作用，而且这类动物有的还有臭味，甚至有毒。

有些种类的狐猴的尾巴上有条纹。

红腹白灯蛾幼虫身上的条纹对捕食者有预警作用。这种幼虫的味道可不怎么样。

斑马身上的条纹起保护作用。

农民犁过的地

风吹过的沙漠

对称轴

自然界中有很多东西的左右两边都是一样的。如果在物体的中间画一条线，再沿线对折，物体左右两部分完全吻合，这条线就叫对称轴。

蝴蝶的身体就是对称的。

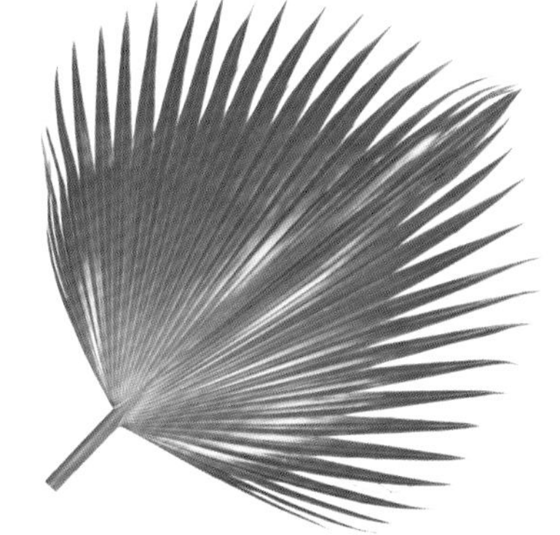

叶脉把从茎运上来的水分输送到叶片表面的各个地方，叶片还能形成保护性的尖刺。

花瓣上的纹路有利于吸引昆虫传粉。

蒲公英的种子长在一个个小小的花托上，并向四面八方伸展。

角

“我的帐篷看起来有点儿不对劲儿。”帕拉斯说。

“是不对劲儿，”雷奥说，“你没把它搭正。其实，我觉得你根本就没把它搭起来！

“你搭的角度不对。”雷奥解释道，“帐篷的每个面都得和地面形成一个锐角。你的帐篷应该是尖的，可它现在并不是尖的。”

“对！”帕拉斯说。

“不过，”雷奥想了想又说，“你的帐篷倒是歪成了一个锐角。所以，不管怎样你还是弄出了一个锐角。”

角

角是两条直线相交形成的图形。两条线离得越远，角就越大。

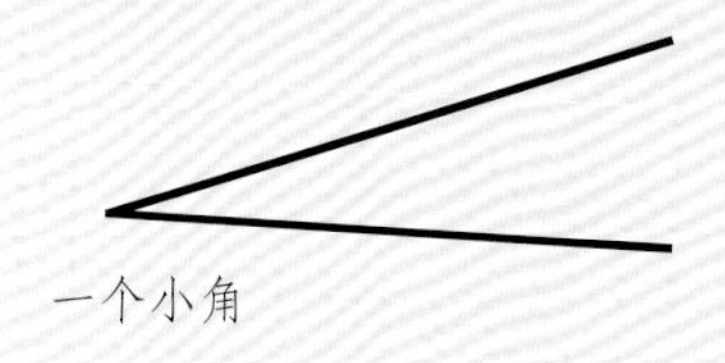
一个小角

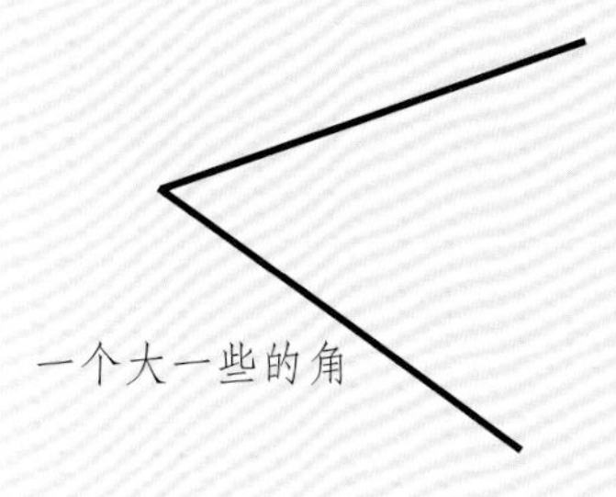
一个大一些的角

上面的这两种角很尖，这种大于0°而小于90°的角叫作锐角。

这种角是直角，画框或者桌子的角都是直角。

大雁成群飞翔时，常常排列成这种“人”字形。

木匠借助角尺将木头锯成直角。

度

角的大小用度衡量，度用一个放在右上方的小圆圈来表示，比方说10°。角的表示方法如下：

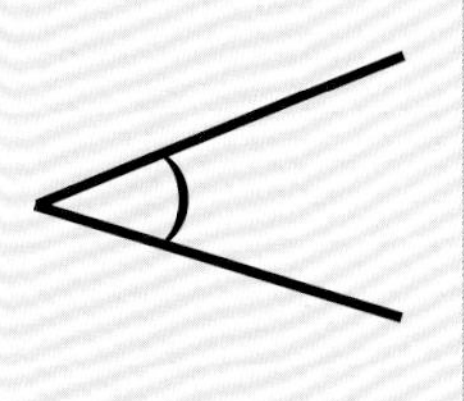

测量星星

天文学家会用手来测量不同的星星之间的夹角，这样能得到一个大致的角度。把手臂伸直平举，一臂之外两颗星星的距离为一根手指的宽时，它们之间的角度大约是1°，距离一拳宽时，角度约为10°，距离一掌宽时，角度约为20°。

术语

在数学上，线是没有起点也没有终点的。

线段有起点和终点。

射线是有起点，没有终点的线。

角是两条线相交形成的图形。

水平线是从一边延伸到另一边的线。

垂直的线是一条上下延展的线。

有时，线也会彼此交叉，被称为相交线。

平行线是一直保持相同距离的两条线。

索引